U0829026

选材版

突破经典家装案例集

第2季

TUPO JINGDIAN JIAZHUANG ANLIJI

突破经典家装案例集第2季编写组 编

隔断、顶棚

机械工业出版社
CHINA MACHINE PRESS

对于每个家庭来说，家庭装修不仅要有好的设计，材料的选择更为重要，设计效果最终还是要通过材质来体现。要想选到质量好又适合自己的装修材料，了解装修材料的特点以及如何进行识别、选购，显然已成为业主考虑的重点。“突破经典家装案例集第2季”包含了大量优秀家装设计案例，包括《背景墙》《客厅》《餐厅、玄关走廊》《卧室、书房、厨房、卫浴》《隔断、顶棚》五个分册。每个分册穿插材质的特点及选购等实用贴士，言简意赅，通俗易懂，让读者对自己家装所需要的材料色彩、造型有更直观的感受，在选材过程中更容易选到称心的装修材料。

图书在版编目（CIP）数据

突破经典家装案例集．第2季．隔断、顶棚 / 突破经典家装案例集第2季编写组 编．— 2版．— 北京 ：机械工业出版社，2017.3

ISBN 978-7-111-56405-8

Ⅰ．①突… Ⅱ．①突… Ⅲ．①住宅－隔墙－室内装修－建筑设计－图集②住宅－顶棚－室内装修－建筑设计－图集 Ⅳ．①TU767-64

中国版本图书馆CIP数据核字(2017)第059689号

机械工业出版社（北京市百万庄大街22号 邮政编码 100037）

策划编辑：宋晓磊 责任编辑：宋晓磊

责任印制：李 飞 责任校对：白秀君

北京新华印刷有限公司印刷

2017年4月第2版第1次印刷

210mm×285mm · 6印张 · 190千字

标准书号：ISBN 978-7-111-56405-8

定价：29.80元

凡购本书，如有缺页、倒页、脱页，由本社发行部调换

电话服务

服务咨询热线：010-88361066

读者购书热线：010-68326294

010-88379203

封面无防伪标均为盗版

网络服务

机工官网：www.cmpbook.com

机工官博：weibo.com/cmp1952

金书网：www.golden-book.com

教育服务网：www.cmpedu.com

目录 Contents

隔断

客厅顶棚

选材版

压花玻璃的特点

压花玻璃的品种有一般压花玻璃、真空镀膜压花玻璃和彩色压花玻璃等。压花玻璃的物理性能基本与普通透明平板玻璃相同，在光学上具有透光不透明的特点，应用在隔断中可使空间的光线感更柔和，其表面有各种图案花纹且凹凸不平，当光线通过时产生漫反射，因此透过玻璃看另一面时，物象模糊不清，可增加空间的隐秘性。压花玻璃由于其表面有各种花纹，具有一定的艺术效果。可用于公共场所及私人住宅空间的装饰和隔断，使用时应将花纹朝向室内，可以产生良好的装饰效果。

隔 断

白枫木饰面板

压花玻璃

茶镜吊顶

直纹斑马木饰面板

压花玻璃

密度板雕花隔断

白色乳胶漆

茶色烤漆玻璃

米色玻化砖

白枫木饰面板

密度板树干造型贴银镜

仿洞石玻化砖

白枫木格栅

仿古砖

有色乳胶漆

米色亚光玻化砖

泰柚木饰面板

仿古砖

有色乳胶漆

密度板雕花隔断

白枫木装饰线

白枫木格栅

密度板雕花隔断

米色玻化砖

密度板雕花隔断

有色乳胶漆

艺术地毯

白枫木格栅

混纺地毯

石膏装饰线

深咖啡色网纹大理石波打线

成品铁艺隔断

强化复合木地板

大理石踢脚线

灰白色网纹亚光玻化砖

选材版

铁艺隔断的特点

铁艺隔断是指隔断的材质为铁，做出一些艺术效果，如几何图形、花形之类的图案。传统意义上的隔断是指专门分隔室内空间的不到顶的半截立面。而在如今的装修中，常把隔断作为装饰之用，这样的隔断既能打破固有格局，区分不同性质的空间，又能使居室环境富于变化，实现空间之间的相互交流，为居室提供更大的艺术与品位相融合的空间。

成品铁艺隔断

白枫木饰面板

水曲柳饰面板

米色玻化砖

成品铁艺隔断

红樱桃木窗棂造型隔断

米黄色玻化砖

黑镜装饰线

泰柚木饰面板

实木雕花隔断

强化复合木地板

米色亚光玻化砖

密度板雕花隔断

白色乳胶漆

米色玻化砖

密度板树干造型隔断

米黄色玻化砖

米色仿大理石砖

密度板雕花贴银镜

实木装饰立柱

有色乳胶漆

立体艺术墙贴

木质踢脚线

木质踢脚线

茶镜吊顶

车边银镜

实木窗棂造型隔断

米白色玻化砖
布艺软包

强化复合木地板

木质踢脚线

直纹斑马木饰面板

米黄色网纹玻化砖

木质踢脚线

密度板雕花贴银镜

选材贩

玻璃砖的特点

玻璃砖是用透明玻璃料或颜色玻璃料压制成形的体形较大的玻璃制品，其品种主要有玻璃空心砖和玻璃实心砖。在多数情况下，玻璃砖并不被当作饰面材料使用，而是作为结构材料，可用于墙体，也可作为屏风、隔断等。

实木装饰立柱

白色玻化砖

强化复合木地板

钢化玻璃砖

陶瓷锦砖

密度板雕花隔断

强化复合木地板

成品铁艺隔断

白枫木装饰线

密度板造型隔断

白色乳胶漆

强化复合木地板

车边茶镜

白色乳胶漆

木质搁板

车边灰镜

实木装饰立柱

皮革软包

石膏顶角线

皮革软包

装饰灰镜

黑胡桃木格栅

混纺地毯

成品铁艺隔断

中花白大理石

有色乳胶漆
装饰银镜

装饰茶镜
胡桃木饰面板

中花白大理石

仿洞石玻化砖

密度板雕花隔断

银镜装饰线

密度板雕花隔断

磨砂玻璃

选材版

彩绘玻璃的特点

彩绘玻璃是将玻璃烧溶后，加入各种颜色，在模具中冷却成形制成的。此种玻璃的面积很小，价格较贵。其色彩鲜艳，装饰效果强，有别具一格的造型，丰富亮丽的图案，灵活多变的纹路，抑或展现古老的东方韵味，抑或流露西方的浪漫情怀。可以根据需求定制图案，可做拉门、屏风、隔断，也可镶嵌于门板、桌面或墙面中。

彩绘玻璃

彩绘玻璃

直纹斑马木饰面板

仿古砖

实木装饰立柱

米色玻化砖　　装饰银镜

强化复合木地板

实木地板

密度板雕花隔断

仿古砖

黑胡桃木格栅

密度板雕花隔断

白枫木饰面板

木质踢脚线

密度板造型隔断

米色网纹玻化砖

装饰银镜
木纹大理石

胡桃木饰面垭口

实木装饰立柱

白松木板吊顶

密度板雕花隔断

实木装饰立柱

中花白大理石

实木装饰立柱

实木雕花隔断

实木顶角线

米黄色网纹玻化砖

彩绘玻璃

皮革软包

实木地板

密度板雕花隔断

木纹大理石

选材版

木质格栅的特点

木质格栅具有良好的透光性、空间性、装饰性及隔热、降噪声等功能。在家庭装修中用得最普遍的是隔断、吊顶和墙面等局部空间的装饰。可通过木质格栅的质感、色彩、线条样式来体现装饰的美感。让轻巧秀丽、静谧与工艺性尽显其中，使空间产生一种“通透”美。在现代居室装饰中颇受人们的青睐。

黑色烤漆玻璃

实木格栅隔断

强化复合木地板

木质格栅混油

成品铁艺隔断

木质踢脚线

白枫木窗棂造型隔断

强化复合木地板

密度板雕花隔断

强化复合木地板

米黄色玻化砖

强化复合木地板

仿古砖

密度板树干造型隔断

黑色烤漆玻璃

密度板雕花贴清玻璃

米色亚光玻化砖　　木质踢脚线

强化复合木地板

有色乳胶漆

密度板雕花隔断

直纹斑马木饰面板

仿古砖

密度板造型隔断

红樱桃木窗棂造型

强化复合木地板

装饰灰镜

水曲柳饰面板

黑胡桃木格栅

强化复合木地板

茶镜装饰线

强化复合木地板

米黄色亚光玻化砖

仿古砖

选材版

实木装饰立柱的特点

无论居室主人的年龄大小，家居的风格古典亦或现代，都可以将木材天然的纹理融入到立柱装饰中，其独特的纹理散发出一种典雅美，蕴含着古朴的天然气质，堪称室内精美的装饰品。实木材质可照顾到居者全方位的感官享受，触感舒适，给人以和谐之感。

实木装饰立柱

白色玻化砖

仿古砖

米色玻化砖

密度板造型隔断

实木地板

实木装饰立柱

仿古砖

木质踢脚线

米黄色玻化砖

绯红色亚光玻化砖

密度板雕花隔断

印花壁纸

有巴乳胶漆

实木地板

白枫木装饰线

仿木纹亚光玻化砖

密度板树干造型隔断

木质踢脚线

白枫木饰面板拓缝

仿古砖

强化复合木地板

磨砂玻璃

强化复合木地板

米色亚光玻化砖

米色玻化砖

水曲柳饰面板

布艺软包

木质搁板

布艺软包

有色乳胶漆

石膏板拓缝

冰裂纹玻璃

米黄色洞石

选材版

PVC吊顶型材的选购

选购PVC吊顶型材时，一定要向经销商索要质检报告和产品检测合格证。目测外观质量，板面应平整、光滑、无裂纹、无磕碰，企口加工应完整，能够装拆自如，表面有光泽、无划痕；用手敲击板面，声音清脆，用于弯曲的板材有较大的弹性。检查测试报告及产品的性能指标应满足：热收缩率小于0.3%，氧指数大于35%，软化温度在80℃以上，燃点在300℃以上，吸水率小于15%，吸湿率小于4%，干状静曲强度大于500 MPa。

客厅顶棚

艺术地毯

石膏装饰格栅

车边银镜

云纹大理石
茶镜装饰线

石膏顶角线
艺术地毯

大理石拼花

金属壁纸

米色亚光玻化砖

白枫木饰面板

中花白大理石

胡桃木装饰横梁

有色乳胶漆

木质踢脚线

木纹砖

云纹大理石

雕花茶镜

石膏装饰浮雕描金

米黄色玻化砖

仿皮纹壁纸

文化石

水曲柳饰面板

实木顶角线

皮革软包

装饰银镜

雕花银镜

米黄色大理石
艺术地毯

布艺软包
艺术地毯

米黄色网纹大理石波打线

木纹大理石

选材版

轻钢龙骨装饰横梁的特点

横梁是房间的“骨架”，关乎建筑安全，是绝对不能拆除的，也不能随意在横梁上打洞或开槽，可以用轻钢龙骨进行装饰。轻钢龙骨是以优质的连续热镀锌板带为原材料，经冷弯工艺轧制而成的建筑用金属骨架，多用于以纸面石膏板、装饰石膏板等轻质板材做饰面的非承重墙体和居室顶棚的造型装饰。

红樱桃木装饰线

皮革软包

轻钢龙骨装饰横梁

车边银镜吊顶

布艺软包

布艺软包

石膏顶角线

仿古砖　　白枫木装饰线

木质踢脚线

强化复合木地板

装饰灰镜

爵士白大理石

强化复合木地板

混纺地毯

木质装饰线描银

皮革软包

灰白色网纹玻化砖

木质装饰线描金

车边银镜
白枫木装饰线

石膏装饰线
仿古砖

车边银镜

云纹大理石

胡桃木饰面板

轻钢龙骨装饰横梁

石膏装饰浮雕

金属壁纸

艺术地毯

密度板树干造型

金属壁纸

白枫木装饰线

云纹大理石

米色仿大理石砖

艺术地毯

胡桃木装饰线

选材版

木龙骨的选购

家庭装饰一般选用杉木做基层的木龙骨，因为它的木质略带清香，纹理较密、弹性好、不易腐烂，耐得住螺钉、圆钉的钉入而不裂。因此，杉木方是制作龙骨的首选。选购时须注意以下事项：看颜色是否鲜明，新鲜的木方略带红色、纹理清晰，如果其色彩呈暗黄色、无光泽，则说明是朽木；看木方是否直，如果有弯曲也只能是顺弯，不允许呈波浪弯，否则做龙骨时容易引起结构不平、变形等；要选木节较少、较小的杉木方，如果木节大且多，易从木节处断裂，若钉子、螺钉在木节处拧不进去或钉断木方，将会导致基层不牢固；要选择没有树皮、虫眼的木方；要选择密度大的木方，用手拿着有沉重感，用手指甲抠不会有明显的痕迹，用手压木方有弹性，弯曲后容易复原、不会断裂，用手敲时声音要响亮、清脆。

仿古砖

彩色釉面墙砖

大理石踢脚线

米色亚光玻化砖

胡桃木装饰线

米色玻化砖

银镜装饰线

黑白根大理石波打线

有色乳胶漆

雕花银镜

红松木板吊顶

皮革软包

车边银镜

金属壁纸

石膏装饰线

手绘墙饰

白枫木装饰线密排

仿古墙砖

石膏装饰格栅吊顶

金属壁纸

定制艺术墙砖

车边银镜

茶镜装饰线

布艺软包

红松木板吊顶

中花白大理石

米黄色网纹大理石

艺术地毯

雕花茶镜
大理石踢脚线

磨砂玻璃
艺术地毯

金属壁纸

茶镜吊顶

选材版

节能灯的选购

1.要注意钨丝灯泡功率。一般厂商会在包装上列出产品本身的功率及与对照的光度相类似的钨丝灯泡功率。如“15W→75W”的标志，一般指灯的实际功率为15W，可发出与一个75W钨丝灯泡相类似的光度。

2.能效标签。目前国家对节能灯具已出台能效标准，平均寿命超过8000小时以上的节能灯产品才能够获得能效标签。

3.要考虑电子镇流器的技术参数。镇流器是照明产品中的核心组件。能效国家标准规定了镇流器的能效限定值和节能评价值。

4.外观的选择。灯具装饰花样繁多，在选择整灯时，要注意一下外壳，最好是耐高温、阻燃的材质。

5.灯管在通电后，还应该注意一下荧光粉涂层的厚薄是否均匀，这会直接影响灯光效果。

车边银镜

米黄色玻化砖

车边银镜

仿木纹玻化砖

中花白大理石

米色网纹玻化砖

红樱桃木格栅

艺术地毯

艺术地毯

石膏装饰线

中花白大理石

木质装饰线描银

选材版

铝扣板的选购

许多人认为铝扣板越厚越好，其实不然。板材的厚度达到0.6mm即可。铝扣板的表面处理可分为喷涂、滚涂和覆膜等几种形式。其中喷涂板存在使用寿命短、容易出现色差等缺点；滚涂板表面均匀、光滑，无漏涂、缩孔、划伤、脱落等现象；覆膜板的表面是一层 PVC膜，表面粘贴牢固，具有无起皱、划伤、脱落、漏贴等优点。选购时，可通过手感判断铝扣板表面是否光滑细腻。此外，在选购覆膜板时，由于覆膜板工艺要求较高，若是人工直接在铝扣板上贴膜，一旦温度变化过大，表层很容易脱落。

餐厅顶棚

深咖啡色网纹大理石波打线

磨砂玻璃

铝扣板吊顶

白枫木装饰线贴银镜

有色乳胶漆

木质踢脚线

玻璃锦砖

白松木板吊顶

白枫木饰面垭口

爵士白大理石

黑白根大理石波打线

有色乳胶漆

白枫木百叶

白枫木饰面板

白松木板吊顶

有色乳胶漆

木质踢脚线

胡桃木饰面板

红樱桃木饰面板

木质装饰横梁

白松木板吊顶

有色乳胶漆

胡桃木饰面板

石膏顶角线

木质踢脚线

有色乳胶漆

木质踢脚线

仿木纹玻化砖

红松木板吊顶

装饰银镜

红樱桃木饰面板

车边银镜
白色玻化砖

白枫木饰面板
米色亚光玻化砖

选材版

松木板吊顶的特点

用厚实的松木板进行吊顶装饰，会给人以温暖的感觉。松木板为实木条直接连接而成，比大芯板更环保，更耐潮湿。选购松木板时，应注意木板的厚度是否一致，纹理是否清晰，还应注意木板是否平整，是否起翘。优质的松木板颜色鲜明，略带红色，若色暗无光泽则是朽木。

黑色烤漆玻璃

黄松木板吊顶

木质踢脚线

米色仿大理石砖

大理石踢脚线

有色乳胶漆

车边银镜

木质踢脚线

彩色釉面墙砖

红樱桃木百叶

石膏顶角线

黑白根大理石波打线

磨砂玻璃

陶瓷锦砖

车边银镜

黑白根大理石波打线

陶瓷锦砖

白枫木百叶

仿古砖

水曲柳饰面板

黄松木板吊顶

木质踢脚线

米色亚光玻化砖

金属壁纸

白松木吊顶

木质装饰线描银

木质踢脚线

陶瓷锦砖波打线

车边银镜

米色网纹玻化砖

白松木板吊顶

米黄色网纹玻化砖

选材版

石膏板吊顶的特点

石膏板吊顶是目前应用较为广泛的吊顶装饰材料。通常在家庭装修中常见的石膏板包括防潮石膏板、吸声石膏板、复合石膏板、纸质石膏板等。石膏板的装饰图案很多，主要有印花、压花、浮雕等，可以根据需要装饰的空间及个人的审美来选择。

石膏板吊顶

强化复合木地板

米色大理石

木质踢脚线

成品铁艺隔断

钢化玻璃
人造大理石踢脚线

白枫木装饰线
灰白色网纹亚光玻化砖

仿古砖

米色亚光墙砖

米色玻化砖

木质踢脚线

黑胡桃木饰面垭口

车边银镜

胡桃木装饰横梁

木质搁板

木质装饰横梁

磨砂玻璃

车边银镜

水曲柳饰面板

白色乳胶漆

实木装饰立柱

实木地板

有色乳胶漆

银镜装饰线

灰白色网纹亚光玻化砖

有色乳胶漆

白枫木装饰线

灰镜吊顶

爵士白大理石

白色乳胶漆

仿古砖

黑镜吊顶

米黄色玻化砖

选材版

木质装饰横梁的特点

房顶的横梁是房间中比较出彩的地方。木质横梁不仅有装饰功能，还能起到一定的切割空间的作用。横线条在简约风格的设计或小户型设计中较为常见。几根简单的横向线条会给人平稳、安定的感觉。横向线条的粗细程度会产生不同的装饰效果，粗线条显得粗壮、有力，给人以坚固和工业化的感觉；细线条尖锐能为室内营造出写意、细腻的气氛。

卧室顶棚

胡桃木装饰横梁

白枫木饰面板

陶瓷锦砖

白松木板吊顶

皮革软包　艺术地毯

有色乳胶漆

布艺软包

红樱桃木饰面板

皮革软包

白枫木饰面板

白枫木百叶

车边灰镜
陶瓷锦砖

布艺软包
泰柚木饰面板

实木地板

实木顶角线

白枫木装饰线

布艺软包

有色乳胶漆

布艺软包

金属壁纸

皮革软包

石膏顶角线

皮革软包

茶色烤漆玻璃

胡桃木饰面板

有色乳胶漆

白松木板吊顶

选材版

纸面石膏板的挑选

优质纸面石膏板的纸面轻且薄，强度高，表面光滑，没有污渍，韧性好。劣质板材的纸面厚且重，强度差，表面可见污点，易碎裂。高纯度的石膏芯材主料为纯石膏，而劣质的石膏芯材则含有很多有害物质。从外观看，好的石膏芯材颜色发白，而劣质的则发黄，颜色暗淡。

布艺软包

黑胡桃木饰面板

强化复合木地板

羊毛地毯

混纺地毯

黑镜吊顶
玻璃锦砖

实木雕花
混纺地毯

皮革软包

艺术地毯

布艺软包

艺术地毯

白枫木饰面板

白松木板吊顶

皮革软包

石膏顶角线

强化复合木地板　　有色乳胶漆弹涂

白松木板吊顶

有色乳胶漆

皮革软包

有色乳胶漆

有色乳胶漆

皮革软包

布艺软包

强化复合木地板

白松木板吊顶

有色乳胶漆

黄松木板吊顶

布艺软包

木质装饰线描金

实木地板

白枫木装饰线

布艺软包

选材贴

实木角线的作用

由于有的居室层高比较高，顶层会显得比较空旷，所以可在顶和面之间装饰一圈实木角线，可以选择没有任何造型的，也可选择有花纹的。可根据不同需求选用榉木、柚木、松木、椴木、杨木等实木线条，将其固定在墙角上，然后选择清油、混油或油漆进行涂刷。

实木角线

皮革软包

红樱桃木饰面板

白枫木装饰线

木质踢脚线

有色乳胶漆

布艺软包

红樱桃木装饰线

皮革软包

羊毛地毯

密度板混油

布艺软包

混纺地毯

石膏顶角线
布艺软包

石膏装饰浮雕
车边茶镜

胡桃木饰面板
实木地板

白枫木饰面垭口
强化复合木地板

布艺软包

金属壁纸

布艺软包

强化复合木地板

有色乳胶漆

石膏装饰浮雕

艺术地毯

石膏顶角线

强化复合木地板

白色人造大理石踢脚线

布艺软包

装饰灰镜